国家电网有限公司
**STATE GRID**
CORPORATION OF CHINA

# 国家电网有限公司
# 电力突发事件应急响应
# 工作规则

国家电网有限公司　发布

中国电力出版社
CHINA ELECTRIC POWER PRESS

**图书在版编目（CIP）数据**

国家电网有限公司电力突发事件应急响应工作规则 /
国家电网有限公司发布. -- 北京 ：中国电力出版社，
2025. 4（2025.6重印）. -- ISBN 978-7-5198-9979-0

Ⅰ. TM08

中国国家版本馆 CIP 数据核字第 2025TJ0253 号

---

出版发行：中国电力出版社
地　　址：北京市东城区北京站西街 19 号（邮政编码 100005）
网　　址：http://www.cepp.sgcc.com.cn
责任编辑：吴　冰
责任校对：黄　蓓　郝军燕
装帧设计：张俊霞
责任印制：石　雷

印　　刷：三河市航远印刷有限公司
版　　次：2025 年 4 月第一版
印　　次：2025 年 6 月北京第二次印刷
开　　本：850 毫米×1168 毫米　32 开本
印　　张：1.625　插页　1
字　　数：42 千字
定　　价：22.00 元

---

# 国家电网有限公司关于印发
# 《国家电网有限公司作业风险管控工作规定》
# 等 10 项通用制度的通知

国家电网企管〔2023〕55 号

总部各部门，各机构，公司各单位：

公司组织制定、修订了《国家电网有限公司作业风险管控工作规定》《国家电网有限公司工程监理安全监督管理办法》《国家电网有限公司预警工作规则》《国家电网有限公司电力突发事件应急响应工作规则》《国家电网有限公司安全生产风险管控管理办法》《国家电网有限公司安全生产反违章工作管理办法》《国家电网有限公司业务外包安全监督管理办法》《国家电网有限公司电力安全工器具管理规定》《国家电网有限公司电力建设起重机械安全监督管理办法》《国家电网有限公司安全隐患排查治理管理办法》10 项通用制度，经 2022 年公司规章制度管理委员会第四次会议审议通过，现予以印发，请认真贯彻落实。

国家电网有限公司（印）

2023 年 2 月 10 日

# 目　录

# 国家电网有限公司
# 电力突发事件应急响应工作规则

规章制度编号：国网（安监/3）1106－2022

# 第一章 总 则

**第一条** 为进一步规范国家电网有限公司（以下简称"公司"）电力突发事件应急响应工作，加强横向协同，纵向联动，提升应急处置的组织力、执行力和战斗力，制定本规则。

**第二条** 本规则依据《中华人民共和国突发事件应对法》《生产安全事故应急条例》《国家电网有限公司安全生产委员会工作规则》《国家电网有限公司应急工作管理规定》《国家电网有限公司突发事件总体应急预案》等制定。

**第三条** 本规则主要针对公司发生的重大及以上自然灾害、事故灾难两类电力突发事件，强化了应急指挥体系，明确了职责分工（见附件1），细化了公司总（分）部、省级公司应急响应启动、行动、调整与结束等环节的工作内容和要求（响应流程见附件2）。

**第四条** 电力突发事件应急响应工作按照"谁主管、谁负责"的原则，落实属地为主、分级负责、专业主导、协同应对的要求，做到快速反应、有序高效，最大程度降低事件损失和影响。

**第五条** 本规则适用于公司总（分）部、省公司和有关直属单位。

# 第二章 启动条件

**第六条** 公司总部应急响应启动条件

发生如下电力突发事件可能造成重特大损失或影响时，公司总部启动应急响应，应急指挥中心与事发单位（指事发地所在省公司或分部、直属单位）、事发现场连通，开展应急会商、指挥协调、资源调配等应急处置工作：

（1）大面积停电事件。

（2）特高压变电站（换流站）主变（换流变）、高抗火灾；特高压密集输电通道因山火、强风、冰灾等灾害影响安全运行。

（3）大中型水电厂和坝高超过 30 米的水电站大坝垮塌。

（4）重点城市 220 千伏及以上地下变电站、室内变电站严重火灾；重点城市 220 千伏及以上电缆隧道、过江电缆隧道严重火灾。

（5）基建现场、建筑物（含调度大楼、办公大楼、营业厅、物资仓库、水电站、发电厂、信息机房等）重大火灾。

（6）两个及以上省级行政区冰灾、台风；严重自然灾害影响电网安全或用户停电，造成重大社会影响的；台风登陆或影响公司经营区域；人口较密集地区 6.0 级及以上地震等严重自然灾害影响电网安全的。

（7）重点城市中心区重要用户、核心商业圈、大型社区、高铁、机场等重要用户发生重大社会影响停电。

（8）生产控制大区、管理信息大区或互联网大区遭网络攻击造成的等保四级系统或重要一类信息系统功能遭破坏、数据遭窃取、资产遭损害。

（9）其他重特大电力突发事件，按照公司相关专项应急预案，视情启动应急指挥中心，参照本规则开展应急处置。

**第七条** 省级公司应急响应启动条件

发生本规则第六条所述各项电力突发事件，以及如下可能造成较大损失或影响的电力突发事件时，事发单位启动应急响应，调配资源、指挥协调事发地市级、县级公司开展应急处置工作，同时向公司总部应急办报送事件信息（模板见附件3）。

（1）省（区、市）内发生特级、一级用户停电以及下列可能造成较大社会影响的停电事件：

1）省级、重点城市级党政军机关办公区停电。

2）广播电视设施、重要军事设施停电等重要机构停电。

3）机场、重要港口、二级以铁路（高铁）牵引站及车站等重要交通设施停电。

4）重点城市核心商业圈或人员密集区域的重要标志性建筑和广场、大型居民社区、重要供水、供气、供暖（冬季）企业、地铁、大型综合医院等重要场所和公共基础设施停电。

（2）省（区、市）内发生或可能发生有社会影响的停电事件。

1）发生减供负荷、停电用户比例达到《电力安全事故应急处置和调查处理条例》中规定的大面积停电事件一般事故标准60%以上。

2）县级及以上政府所在地城区供电全停；2个以上乡镇所在地供电全停。

3）大型发电企业发生严重异常、能源供应紧缺、影响电网安全稳定运行，可能造成大范围限电或停电。

（3）省（区、市）内发生自然灾害、事故灾难，对公司电网运行、设备设施及人身造成较大影响的：

1）220千伏及以上变电站主设备发生火灾；重点城市110千伏及以上地下变电站、室内变电站、电缆隧道火灾。

2）基建现场、建筑物（含调度大楼、办公大楼、营业厅、物资仓库、水电站、发电厂、信息机房等）火灾。

3）发生较大及以上地震、台风、冰灾、洪涝等灾害灾难。

4）省（区、市）内发生森林草原火情、城市发生道路坍塌等影响输变配电设备设施安全运行，造成线路停运、台区和用户停电。

（4）省（区、市）内发生公共卫生、社会安全事件，对公司人身安全、设备设施、信息网络、电网运行造成影响的：

1）突发群体性事件影响公司电网设备、员工人身安全。

2）突发暴恐事件影响公司员工人身安全、电网设备、电网运行。

3）突发疫情、食物中毒等影响公司员工人身安全和正常生产秩序。

（5）省（区、市）内发生影响较大的危化品火灾、地下矿井事故、山体滑坡、建筑物坍塌、重大交通事故，政府启动应急救援，需要所属供电企业提供电力支持的。

（6）突发网络攻击，造成生产控制大区、管理信息大区或互联网大区遭网络攻击造成的等保三级及以上系统或一类信息系统省侧功能遭破坏、数据遭窃取、资产遭损害。

（7）省级公司相关专项预案规定的其他电力突发事件。

# 第三章 指挥体系

**第八条** 发生本规则第六条所述电力突发事件时，公司总部及省级公司分别成立应急指挥部，设总指挥、副总指挥、指挥长、副指挥长及若干工作组；事发现场成立现场指挥部。

（一）公司总部

（1）总指挥：公司分管副总经理。

职责：负责电力突发事件总体指挥决策工作。

（2）副总指挥：协管相关业务的总经理助理、总师、副总师。

职责：协助总指挥负责对电力突发事件应对进行指挥协调；主持应急会商会，必要时作为现场工作组组长带队赴事发现场指导处置工作。

（3）指挥部成员由相关部门和单位负责人担任，其中指挥长1名、副指挥长若干，具体如下：

1）指挥长：牵头部门（事件专项应急办所在部门，以下同）主要负责人。

职责：负责电力突发事件应急处置的统筹组织管理，执行落实总指挥的工作部署，领导指挥总部各工作组，指导协调事发单位开展应急处置工作。

a. 组织总部做好应急值班、信息收集汇总及报送等工作；协调相关部门开展资源调配、应急支援等工作。

b. 组织事发单位制定应对方案，落实队伍、装备、物资，做好现场处置，控制事态发展。

c. 在视频会商中担任牵头人，向事发单位总指挥询问处置情况，传达领导指示，部署处置工作，协调解决问题。向公司主要领导和总指挥汇报事件信息和处置进展情况。

d. 持续保持与事发单位、事发现场的沟通，跟踪事件信息。

2）副指挥长：牵头部门负责人。

职责：协助指挥长组织做好事件应急处置工作，并在指挥长不在时代行其职责。

3）工作组：由指挥部其他成员组成。

根据应急处置需要，设抢险处置、电网调控、安全保障、供电服务、舆情处置、支撑保障等工作组，组长由相关部门和单位负责人担任，成员由相关部门处长担任，在指挥长、副指挥长组织下，协同做好具体应急处置工作。公司视情况成立专家组。

总指挥、副总指挥、指挥长、副指挥长因出差等原因不能参加的，由临时代理其工作的同志参加。

（二）省级公司

（1）总指挥：省级公司董事长或总经理。

（2）副总指挥：省级公司分管副总经理（常务）、相关总师。

（3）指挥部成员由相关部门负责人担任，其中指挥长 1 名、副指挥长若干，具体如下：

1）指挥长：省级公司牵头部门主任。

2）副指挥长：省级公司安监、设备、营销、数字化、宣传部、调控中心等相关部门主任。

3）工作组：指挥部设若干相应工作组，具体组织应急处置工作。

（三）事发现场指挥部

由省级单位相关负责人、事发单位主要负责人、相关单位负责人及上级单位相关人员、应急专家、应急队伍负责人等人员组成，事发单位主要负责人任总指挥，分管领导任副总指挥。现场指挥部实行总指挥负责制，组织设立现场应急指挥机构，制定并实施现场应急处置方案，指挥、协调现场应急处置工作。

**第九条** 发生本规则第七条所述电力突发事件时，省级公司参照第八条成立应急指挥部，设总指挥、副总指挥、指挥长、副指挥长及若干工作组；事发现场成立现场指挥部。公司总部做好信息收集和组织协调，视情况成立应急指挥部。

# 第四章 响 应 流 程

**第十条** 事发单位在获知本规则第七条所述电力突发事件后第一时间启动应急响应，在 30 分钟内，事发单位应急办通过电话、传真、邮件、短信等形式向公司安全应急办、相关专业部门及分部即时报告信息。内容包括事发时间、地点、涉及单位、基本经过、影响范围以及先期处置情况等概要信息。即时报告后 2 小时内书面上报信息。

**第十一条** 公司安全应急办接到事发单位信息报告后，立即核实事件性质、影响范围与损失等情况，向公司分管领导报告，提出应急响应类型和级别建议，经批准后，通知指挥长（牵头部门主要负责人）、相关部门、事发单位、相关分部组织开展应急处置工作（见附件 4），并组织启动应急指挥中心及相关信息支撑系统。向国家能源局、国资委、应急管理部等部门报送事件快报。

**第十二条** 指挥长接到响应通知后，组织副指挥长（工作组组长）、应急指挥部成员（相关部门负责人）及工作组成员（相关部门处长）到总部应急指挥中心集中，在设定的席位开展办公和值班；指挥长报告总指挥建议主持召开首次视频会商，并提出公司主要领导或其他领导 ［第六条中的（1）～（3）类事件］ 需要参会的建议。首次视频会商主要内容包括：

（1）事发单位总指挥汇报事件基本情况、损失及影响、先期应对及处置、需要协调解决的问题及支援需求等。

（2）事发所在分部汇报区域电网运行及电力电量平衡等情况。

（3）事发现场视频连线汇报现场事故详细情况，先期处置情况等。

（4）指挥长汇报事件总体情况、先期工作开展情况、下一步工作措施及安排等。

（5）副指挥长按照工作职责汇报工作开展情况及下一步工作安排。

（6）公司安全应急办汇报事件安全情况、跨省应急支援、对外信息报送及下一步工作安排等。

（7）总指挥（公司领导）讲话、总结并部署下一步工作，提出相关要求。

**第十三条**　事发单位应急办汇总事件相关信息报公司安全应急办；公司安全应急办依据上报情况及会商会有关情况形成事件报告，经总指挥审核同意后，向办公室（总值班室）、宣传部及国家能源局、国资委、应急管理部等相关部门报告。报告内容包括：事件时间、地点、基本经过、影响范围、已造成后果、初步原因、事件发展趋势和采取的措施等（见附件5.1）。

**第十四条**　公司视情况成立现场工作组，由副总指挥（相关助理总师）带队，组织相关工作组及分部负责人赶赴现场，协调指导事发单位开展应急处置工作。

**第十五条**　公司总部由指挥长负责组织相关工作组在应急指挥中心开展24小时联合应急值班，做好事件信息收集、汇总、报送等工作。办公室（总值班室）、宣传部以及国调中心在本部门开展专业值班，并及时向应急指挥中心提供相关信息。事发单位、相关分部在本单位应急指挥中心开展应急值班，及时收集、汇总事件信息并报送公司总部。

**第十六条**　事发单位、总部相关部门向总（分）部应急指挥中心动态报送最新进展信息，牵头部门汇总、审核后形成日报或专报（见附件5.2），报公司领导、总值班室、安全应急办。公司安全应急办根据相关要求向国家能源局、国资委、应急管理部等进行续报。公司宣传部做好对外信息披露工作。

# 第五章 响 应 要 求

**第十七条** 应急指挥中心启动要求

（1）事发单位要在 30 分钟内实现与公司总部应急指挥中心互联互通，并提供相关电网主接线图、地理接线图、潮流图，受损设备设施基础台账、事件简要情况、现场音视频等资料。

（2）相关分部要在 30 分钟内实现与公司总部应急指挥中心互联互通，并提供相关电网主接线图、地理接线图、潮流图、事故简要情况等资料。

（3）事发现场要第一时间成立现场指挥部，利用 4G/5G 移动视频、应急通信车、各类卫星设备等手段实现与事发单位、公司总部应急指挥中心的音视频互联互通，具备应急会商条件。

（4）国网信通公司要组织南瑞信通、智研院数字化所等技术支撑单位在 30 分钟内启动总部应急指挥中心，与事发单位建立视频连接，具备条件时第一时间与事发现场建立音视频互联互通，做好视频会议保障、相关视频信息保存以及应急指挥信息系统保障等技术支持。

**第十八条** 人员到岗到位要求

（1）通知副指挥长、指挥部成员及工作组成员到应急指挥中心参与处置工作。

（2）通知事发单位、相关分部人员在本单位应急指挥中心到岗到位。

（3）相关人员应在收到通知后，工作时间 30 分钟内、非工作时间 60 分钟内到达应急指挥中心；出差、休假等不能参加的，由临时代理其工作的人员参加。

**第十九条** 事发单位、相关分部及公司有关部门工作要求：

（1）事发单位、相关分部：持续更新事件处置过程中所需相关省、地市电网主接线图、地理接线图、潮流图，设备设施受损情况（设备型号、参数、制造厂家、检修试验情况与历史档案、设备结构图、线路走向、GIS 图、变电站一次系统图等）、网络和信息系统遭受攻击损害情况、事件进展、现场音视频、现场统一视频监控终端等资料；在事发现场部署布控球、移动终端等视频采集与通信终端，实现与总部应急指挥中心音视频互联互通。

（2）总部工作组成员部门按照专业职责开展应急处置工作，向总部应急指挥部提供有关纸质（电子）版资料，其中，安监、设备、营销部、国调中心固定席位（见附件 6），为总部应急指挥中心接入应急管理、设备运维、电网调度、营销服务等专业系统和信息，并做好持续更新。

1）安监部：负责提供事件安全情况，相关单位应急基干分队及其装备资料，国家能源局、国资委、应急管理部有关信息及工作要求。

2）设备部：负责通过 PMS 系统提供相关的设备、输配电线路基础台账、地理接线图等基础信息；通过国网灾害监测中心监测预警系统，提供灾害现场气象资料（台风、覆冰、山火等）；通过电网统一视频监控终端，接入变电站视频；提供事发现场设备设施具体资料信息。

3）国调中心：负责通过 DTS 系统提供电网接线图、变电站一次系统图、SCADA 系统潮流图、负荷曲线图等电网运行资料；及时提供并持续更新变电设备、输配电线路等电网和设备停运、恢复信息；负责组织做好总部应急指挥中心电网统一视频监控平台等相关信息系统运行保障。

4）营销部：负责通过营销系统（用电信息采集系统）提供重要及高危用户停电情况、有序用电、停电台区及用户数、用户恢复情况等相关资料；及时提供与政府相关部门、重要用户沟通的情况；重要及高危用户自备电源检查及准备情况、应急发电车准备情况。

5）宣传部：负责提供舆情监测、新闻通稿等相关资料，并做好新闻发布准备。

6）数字化部：提供管理信息大区和互联网大区网络信息系统运行情况及安全防护等相关资料。

7）基建部、特高压部：分别负责提供在建工程相关项目资料、特高压变电站（换流站）设计图纸、主变压器（换流变）结构图等信息及基建抢修队伍信息。

8）水新部：提供水电站大坝基本情况、电站布置图、坝体结构图等信息资料。

9）物资部：负责提供应急抢修物资相关信息。

10）后勤部：重大传染性疾病疫情防控期间，负责提供应急处置相关单位疫情状态、防疫资源投入情况、疫情防控措施等相关信息。

11）办公室：负责启动档案服务应急响应，配合专业部门调阅应急相关档案。

12）其他部门：负责提供本专业处置相关信息。

（3）公司安全应急办会同牵头部门收集汇总事件处置有关资料、数据信息，并会同牵头部门做好总部应急指挥中心与事发现场、事发单位、相关分部的互联互通，开展各类数据信息的大屏可视化展示工作；准备应急指挥部及工作组成员联系方式清单。专业部门系统接入及资料提供具体要求见附件 7。

第二十条　支撑保障单位工作要求

（1）国网信通公司：负责总部应急指挥中心软硬件启动，保证相关音视频信息接入和各级应急指挥中心互联互通，具备应急会商条件。协助综合协调组，组织南瑞信通做好总部应急指挥中心大屏可视化，电网统一视频监控平台视频调取；组织智研院数字化所协助做好有关信息系统运维。

（2）中兴物业公司：负责提供应急会商会务服务，做好应急指挥中心人员出入、食宿等后勤保障。

（3）国网信通、中兴物业公司每天安排 1 名负责人组织做好保障工作，其中在首次视频会商等重要时段，主要负责人要到应急指挥中心组织做好保障工作。

（4）支撑保障单位工作要求详见《支撑保障单位工作规则》。

第二十一条 视频应急会商工作要求

（1）应急指挥中心启动后 2 个小时内，总部与事发单位、事发现场（若具备条件）、相关分部召开首次视频会商，了解掌握现场情况，指挥协调处置工作。指挥长负责组织视频会商，拟定议程、会商领导讲话要点，以及会商会汇报材料。

（2）视频会商由副总指挥主持，如其出差则由协助其工作的总经理助理、或总工程师、或副总师主持。

（3）根据事态发展和应急处置情况，指挥长要视情况组织开展后续视频会商，原则上每天 16 时开展一次视频会商，直至响应结束。

（4）视频会商时，事发现场、事发单位重点汇报事件详细情况、应急处置进展、次生衍生事件、抢修恢复、客户供电、舆情引导、社会联动以及需要协调的问题等；事发所在分部重点汇报区域电网运行、恢复情况等；总部工作组成员部门按照职责分工重点汇报工作开展情况及下一步安排（见附件 8）。

# 第六章　信　息　报　送

**第二十二条** 内部信息报告

（1）报送时限：信息初报：牵头部门接到事发单位报告后 30 分钟内，向总指挥初报信息，并通报公司安全应急办；信息续报：原则上事发当日，事发单位应急指挥部、总部相关工作组每 2 小时向公司应急指挥中心动态报送最新进展信息；第二日，7 时、11 时、15 时、19 时（每 4 小时）各报送一次；第三日至应急响应结束，7 时、19 时每 12 小时各报送一次。

（2）报送内容：事发单位电网设施设备受损、人员伤亡、次生灾害、对电网和用户的影响、事件发展趋势、已采取的应急响应措施、抢修恢复情况、网络与信息系统安全情况及下一步安排等。

**第二十三条** 对外信息报送

安全保障组根据要求做好对外信息报送工作。其中：

（1）办公室（总值班室）负责向中办、国办报告；

（2）公司安全应急办负责向国家能源局、应急管理部及国资委报告；

（3）其他专业部门负责向对口的国家部委报告。

牵头部门负责对外报送信息的审核工作，确保数据源唯一、数据准确、及时，审核后由相关部门履行审批手续后报出。

# 第七章 响 应 结 束

**第二十四条** 根据事态发展变化，指挥长提出应急响应级别调整建议，经总指挥批准后，按照新的应急响应级别开展应急处置。

**第二十五条** 电力突发事件得到有效控制、危害消除后，指挥长提出结束应急响应建议，经总指挥批准后，宣布应急响应结束。

**第二十六条** 应急响应过程中，公司安全应急办监督检查相关部门和单位、事发单位、相关分部按照预案要求启动响应及提供相应资料等情况，并组织对应急值守工作情况进行抽查。

应急响应结束后，公司安全应急办应组织开展应急处置评估，分析总结电力突发事件的起因、性质、影响、经验教训和应急处置，提出防范和改进措施。相关工作组要及时收集整理、归档应急响应过程中产生的相关资料，确保齐全完整、真实准确、系统规范，为以后的应急处置工作提供参考依据。

# 第八章　特　殊　情　况

**第二十七条**　电力突发事件应急响应过程中，公司总部、事发单位所在地出现重大传染性疾病疫情时，要落实疫情防控要求（见附件9），在做好人员和场所防护的前提下，开展处置工作：

（1）避免人员流动：为避免疫情输入、输出，以及旅途感染、交叉感染，除有特殊需要情况外，原则上总部、事发单位和现场等各层级工作均由本地人员开展，工作安排部署和情况汇报通过视频会商、邮件等方式远程开展，部分工作可授权基层单位实施，一般不设事发现场指挥部。

（2）避免人员聚集：疫区内单位在应急指挥、会商和现场处置过程中，要根据传染性疾病防控要求，控制人员数量，保持安全距离；关键岗位人员视情况采取封闭保护措施，专门安排食宿、交通，避免接触外界人员。

（3）落实防控措施：向事发单位所在地医疗卫生部门报备；疫区内单位相关人员要佩戴与疫情防控相适应的卫生防护用品，身体检查合格后方可开展工作，遇有与疫区或人员接触情况要隔离观察；场所要落实通风和消毒杀菌措施，严格出入管理，避免外单位人员进入，对出入车辆和物品做好消毒处理，对人员进行体温或其他疫情防控检测筛查措施。

（4）做好感染应对准备：设立A/B角，分班、分批次参与工作，保证重要岗位人员备用充足；人员如出现疑似感染症状的，应就地或就近隔离，并立即联系卫生防疫部门转送医院，对其活动场所进行彻底消毒，对密切接触者进行隔离和医学观察，避免疫情扩散。

**第二十八条**　电力突发事件应急响应过程中，各级政府、军队或单位相关活动对事件处置造成影响时，一方面要积极汇报沟通政府主管部门，争取支持和理解，取得应急处置的有利条件；另一方面要服从政府安排，在遵照政府要求的前提下，实施应急响应各项工作。

**第二十九条** 电力突发事件应急响应过程中，如果国家部委或地方政府已发布预警或启动应急响应时，相关单位应同时遵照执行。

# 第九章　附　　则

**第三十条**　本规则由国网安监部负责解释并监督执行。

**第三十一条**　本规则自 2023 年 3 月 3 日起施行。

# 公司总部应急响应职责分工

总部应急总指挥部

| 序号 | 事件名称 | 总指挥 | 指挥部成员 | 指挥长 | 副指挥长 | 工作组组成 | 工作组职责 |
|---|---|---|---|---|---|---|---|
| 1 | 特高压直流（换流）变电站（换流变）主变在运主变火灾 | 会商领导：公司董事长、总经理 总指挥：分管生产副总经理 副总指挥：总经理助理、总工程师、安全总监 | 设备部、办公室、营销、安监、特高压、数字化、宣传、后勤、物资、国调中心、信通公司负责人 | 设备部主任 | 设备部副主任 | 1. 抢险处置组（综合）组，组长：设备部副主任；成员：设备、特高压、安监、物资部 | 负责现场抢险、抢修工作的组织、协调工作；了解、掌握突发事件的情况和处理进度，修复现场设备损坏，收集统计现场抢险、抢修工作的情况、修复信息，及时向指挥部汇报 |
|  |  |  |  |  |  | 2. 电网调控组，组长：国调中心主任；成员：国调中心、数字化部 | 负责电网运行方式的调整；负责向指挥部汇报电网应急处置的情况及相关调控信息的统计分析 |
|  |  |  |  |  |  | 3. 安全保障组，组长：安监部主任；成员：安监部、办公室、后勤部 | 了解、掌握突发事件的情况和处置进展，统计人员伤亡和经济损失情况，及时向指挥部汇报，监督突发事件应急处置，应急抢险、生产恢复工作中安全技术措施组织落实的落实 |

总部应急总指挥部

| 序号 | 事件名称 | 总指挥 | 指挥部成员 | 指挥长 | 副指挥长 | 工作组组成 | 工作组职责 |
|---|---|---|---|---|---|---|---|
| 1 | 特高压变电站（换流变）主变（换流变）火灾 | 会商领导：公司董事长、总经理 总指挥：分管生产副总经理 | 设备部、办公室、安监、特高压、数字化、宣传、物资、后勤、国调中心、信通公司负责人 | 设备部主任 | 设备部副主任 | 4. 专家组，组长：特高压部主任；成员：特高压、设备部、公司应急专家 | 分析突发事件的原因，参与制订事故抢修方案，为突发事件处置提供技术支持和决策支持 |
| | | | | | | 5. 舆情处置组，组长：宣传部主任；成员：宣传、设备、营销部 | 及时收集突发事件的有关信息，整理并组织编写新闻稿件；拟定新闻发布方案和组织新闻发布工作；接待、管理媒体记者做好采访；负责突发事件处置期间的内外部宣传工作 |
| | | | | | | 6. 技术支撑组，组长：信通公司主要负责人；成员：信通公司、南瑞信通、智研院数字化所 | 负责总部应急指挥中心信息通等专业技术支持；负责应急指挥中心内各项应急指挥系统平台的技术支撑 |
| | | | | | | 7. 后勤保障组，组长：中兴物业负责人；成员：中兴物业 | 负责人员出入、食宿、医疗卫生、会务等后勤保障 |

总部应急指挥部

| 序号 | 事件名称 | 总指挥 | 指挥部成员 | 指挥长 | 副指挥长 | 工作组组成 | 工作组职责 |
|---|---|---|---|---|---|---|---|
| 2 | 特高压变电站（换流变）主变（换流变）火灾 | 会商领导：公司董事长、总经理 总指挥：在分管基建副总经理指挥：副总工程师、安全总监 | 特高压部、办公室、安监、数字化、宣传、物资、后勤部、国调中心、信通公司负责人 | 特高压部主任 | 特高压部副主任 | 1. 抢险处置（综合）组，组长：特高压部副主任 成员：特高压、设备、安监、物资部 | 负责现场抢险、协调工作的组织，抢修工作情况和处置进展，掌握突发事件的情况和处置进度，收集统计现场设备损坏、修复信息，及时向指挥部汇报 |
|  |  |  |  |  |  | 2. 安全保障组，组长：安监部主任 成员：安监部、办公室、后勤部 | 了解、掌握突发事件的情况和处置进展，统计人员伤亡和经济损失信息，及时向指挥部汇报；监督突发事件应急处置、应急抢险、生产恢复工作中安全技术措施和组织措施的落实 |
|  |  |  |  |  |  | 3. 舆情处置组，组长：宣传部主任 成员：宣传、特高压部 | 及时收集突发事件的有关信息，整理并组织新闻报道稿件；拟定新闻发布方案和发布内容，负责新闻发布工作；接待、组织和管理媒体记者做好采访；负责突发事件处置期间的内外部宣传工作 |
|  |  |  |  |  |  | 4. 技术支撑组，组长：信通公司主要负责人 成员：信通公司、南瑞继保、智研院数字化所 | 负责总部应急指挥中心信息、通信等专业技术支持；负责应急指挥系统平台的技术支撑 |
|  |  |  |  |  |  | 5. 后勤保障组，组长：中兴物业负责人 成员：中兴物业 | 负责人员出入、食宿、医疗卫生、会务等后勤保障 |

总部应急指挥部

| 序号 | 事件名称 | 总指挥 | 指挥部成员 | 指挥长 | 副指挥长 | 工作组组成 | 工作组职责 |
|---|---|---|---|---|---|---|---|
| 3 | 特高压输电通道山火、冰灾 | 会商领导：公司董事长、总经理 总指挥：分管生产副总经理 副总指挥：总经理助理、总工程师、安全总监 | 设备部、办公室、特高压、营销、安监、数字化、物资、后勤、国调中心、信通公司负责人 | 设备部主任 | 设备部副主任 | 1. 抢险处置（综合）组，组长：设备部副主任 成员：设备、特高压、安监、物资部 | 负责现场抢险、抢修工作的组织、协调工作；了解、掌握突发事件的情况和处理进展，收集统计现场设备损坏、修复数据，及时向指挥部汇报 |
| | | | | | | 2. 电网调控组，组长：国调中心主任 成员：国调中心、数字化部 | 负责电网运行方式的调整；负责向指挥部汇报电网应急处置的情况及相关调控信息的统计分析 |
| | | | | | | 3. 安全保障组，组长：安监部主任 成员：安监部、办公室、后勤部 | 了解、掌握突发事件的情况和处置进展，统计人员伤亡和经济损失信息，及时向指挥部汇报；监督突发事件应急处置、应急抢险、生产恢复工作中安全技术措施和措施组织机织的落实 |
| | | | | | | 4. 供电服务组，组长：营销部主任 成员：营销、设备部、国调中心 | 负责向重要客户通报突发事件情况，及时了解突发事件对重要客户造成的损失及影响；督促在突发事件恢复阶段落实对重要客户的优先、及时恢复供电方案，恢复重要负荷和重量客户的损失统计信息，及时向指挥部汇报；在恢复供电阶段，对重要用户实施重要客户用电量的恢复供电情况汇报 |

总部应急总指挥部

| 序号 | 事件名称 | 总指挥 | 指挥部成员 | 指挥长 | 副指挥长 | 工作组组成 | 工作组职责 |
|---|---|---|---|---|---|---|---|
| 3 | 特高压密集输电通道火、冰灾 | 会商领导：公司董事长、总经理总指挥：分管生产副总经理副总指挥：总经理助理、总工程师、安全总监 | 设备部、安监部、高压、营销、数字化、物资、国调中心、信通公司负责人 | 设备部主任 | 设备部副主任 | 5. 舆情处置组，组长：宣传部主任工作成员：宣传、设备、营销部 | 及时收集突发事件的有关信息，整理并组织新闻报道发布方案和发布内容，负责新闻发布工作；接待、组织和管理媒体记者做好采访；负责突发事件处置期间的内外部宣传工作 |
| | | | | | | 6. 技术支撑组，组长：信通公司主要负责人成员：信通公司、南瑞信通、智研院数字化所 | 负责总部应急指挥中心信息通信等专业技术支持；负责总部应急指挥系统平台的技术支撑 |
| | | | | | | 7. 后勤保障组，组长：中兴物业负责人成员：中兴物业 | 负责人员出入、食宿、医疗卫生、会务等后勤保障 |
| 4 | 大面积停电事件 | 会商领导：公司董事长、总经理总指挥：分管生产副总经理副总指挥：总经理助理、总工程师、安全总监 | 安监部、办公室、设备、数字化、营销、宣传、物资、国调部、信通公司负责人 | 安监部主任 | 安监部副主任 | 1. 综合协调组，组长：安监部副主任成员：安监部、办公室、后勤部 | 协调各工作组开展应急处置工作；负责向各工作组传达事故处置工作进展情况及时调拨应急物资；根据应急调运及调度进展情况，负责电力应急物资收集、汇总、上报、续报工作；负责处置过程中信息收集、汇总，事故处置过程完成有关规定完成故障调查等 |

22

总部应急指挥部

| 序号 | 事件名称 | 总指挥 | 指挥部成员 | 指挥长 | 副指挥长 | 工作组组成 | 工作组职责 |
|---|---|---|---|---|---|---|---|
| 4 | 大面积停电事件 | 会商领导：公司董事长、总经理 指挥：分管生产副总经理 副指挥：总经理助理、总工程师、安全总监 | 安监部、办公室、设备、数字化、营销、宣传、物资、后勤部、国调中心、信通公司负责人 | 安监部主任 | 安监部副主任 | 2. 电网调整组，组长：国调中心主任 成员：国调中心、数字化部 | 负责电网运行方式的调整；负责向指挥部汇报电网应急总处置的情况及相关调控信息的统计分析 |
| | | | | | | 3. 抢修恢复组，组长：设备部主任 成员：设备、安监、物资部、国调中心 | 负责现场抢险、抢修工作的组织、协调工作；了解、掌握突发事件的情况和处置进度，修复设备损坏，及时向指挥部汇报 |
| | | | | | | 4. 供电服务组，组长：营销部主任 成员：营销、设备部、国调中心 | 负责向重要用户对重要用户通报突发事件情况及影响；突发事件恢复阶段突发重要用户造成的损失的防范措施；确定在突发事件恢复阶段用户的优先及秩序及恢复方案，收集统计用户电负荷和重要供电情况，恢复信息，及时向指挥部汇报 |
| | | | | | | 5. 舆情处置组，组长：宣传部主任 成员：宣传、安监、营销部 | 及时收集突发事件的有关信息，整理并组织新闻发布稿件；拟定新闻发布方案和发布内容，负责新闻发布工作；接待、组织和管理媒体记者做好采访；负责突发事件处置期间的内外宣传工作 |

总部应急指挥部

| 序号 | 事件名称 | 总指挥 | 指挥部成员 | 指挥长 | 副指挥长 | 工作组组成 | 工作组职责 |
|---|---|---|---|---|---|---|---|
| 4 | 大面积停电事件 | 会商领导：公司董事长、总经理；总指挥：分管生产副总经理；副总指挥：总经理助理、总工程师、安全总监 | 安监部、办公室、营销、设备、数字化、宣传、物资、后勤部、信调中心、信通公司负责人 | 安监部主任 | 安监部副主任 | 6. 技术支撑组，组长：信通公司主要负责人；成员：信通公司、南端信通、智研院数字化所 | 负责总部应急指挥中心信息通信等专业技术支持；负责总应急指挥中心内各项应急指挥系统平台的技术支撑 |
| | | | | | | 7. 后勤物业组，组长：中兴物业负责人；成员：中兴物业 | 负责人员出入、食宿、医疗卫生、会务等后勤保障 |
| 5 | 大中型水电厂和坝高30米以上的小水电站大坝垮塌、重大火灾 | 会商领导：公司董事长、总经理；总指挥：分管生产副总经理；副总指挥：总经理助理、总工程师、安全总监 | 水新部、办公室、安监、宣传、数字化、物资、后勤部、信调中心、信通公司负责人 | 水新部主任 | 水新部副主任 | 1. 抢险处置（综合）组，组长：水新部副主任；成员：水新、物资部、国调中心 | 负责现场抢险、抢修工作的组织、协调工作；了解、掌握突发事件的情况和处理进展，及时向指挥部汇报 |
| | | | | | | 2. 安全保障组，组长：安监部主任；成员：安监部、办公室、后勤部 | 了解、掌握突发事件的情况和处置进展，统计人员伤亡和经济损失信息，及时向指挥部汇报；监督突发事件应急处置，应急抢险，生产恢复工作中安全技术措施和组织措施的落实 |

总部应急指挥部

| 序号 | 事件名称 | 总指挥 | 指挥部成员 | 指挥长 | 副指挥长 | 工作组组成 | 工作组职责 |
|---|---|---|---|---|---|---|---|
| 5 | 大中型水电厂和坝高30米以上的小水电站大坝、重大垮塌、火灾 | 会商公司领导:董事长、总经理总指挥:分管生产副总经理副总指挥:总经理助理、总工程师、安全总监 | 水新部、办公室、安监、数字化、宣传、物资、后勤、国调中心、信通公司负责人 | 水新部主任 | 水新部副主任 | 3. 舆情处置组,组长:宣传部主任成员:宣传、水新部 | 及时收集突发事件的有关信息,整理并组织新闻报道稿件;拟定新闻发布方案和发布内容,负责新闻发布工作;接待、组织和管理媒体记者做好采访;负责突发事件处置期间的内外部宣传工作 |
| | | | | | | 4. 技术支撑组,组长:信通公司主要负责人成员:信通公司、南瑞信通、智研院数字化所 | 负责总部应急指挥中心信息等专业通信技术支持;负责应急指挥中心内各项应急指挥系统平台的技术支撑 |
| | | | | | | 5. 后勤保障组,组长:中兴物业负责人成员:中兴物业 | 负责人员出入、食宿、医疗卫生、会务等后勤保障 |
| 6 | 电缆隧道重大火灾 | 总指挥:分管生产副总经理副总指挥:总经理助理、总工程师、安全总监 | 设备部、办公室、安监、数字化、宣传、物资、后勤、国调中心、信通公司负责人 | 设备部主任 | 设备部副主任 | 1. 抢险处置(综合)组,组长:设备部副主任成员:设备、安监、物资部、国调中心 | 负责现场抢险、抢修工作的组织、协调工作;了解、掌握突发事件的情况和处理进展,及时向指挥部汇报;统计现场设备损坏、修复情况信息,及时向指挥部汇报 |
| | | | | | | 2. 安全保障组,组长:安监部副主任成员:安监部、办公室、后勤部 | 了解、掌握突发事件应急处置、应急抢险、生产恢复工作中安全技术措施和组织措施的落实人员伤亡和经济损失信息,统计人员伤亡信息,及时向指挥部汇报、监督突发事件应急处置进展、 |

25

总部应急指挥部

| 序号 | 事件名称 | 总指挥 | 指挥部成员 | 指挥长 | 副指挥长 | 工作组组成 | 工作组职责 |
|---|---|---|---|---|---|---|---|
| 6 | 电缆隧道重大火灾 | 总指挥:分管生产副总经理 副总指挥:总经理助理、总工程师、安全总监 | 设备部、办公室、安监、营销、数字化、宣传、物资、后勤、国调中心、信通公司负责人 | 设备部主任 | 设备部副主任 | 3. 供电服务组,组长:营销部副主任 成员:营销、设备部、国调中心 | 负责向重要用户通报突发事件情况,及时了解突发事件对重要用户造成的损失及影响;督促重要用户安排阶段重要用户突发事件防范措施;确定突发事件恢复用户的优先及秩序方案;收集汇计用电负荷和电量情况,对重要用户恢复供电电情况,及时向指挥部汇报 |
|  |  |  |  |  |  | 4. 舆情处置组,组长:宣传部副主任 成员:宣传、设备部 | 及时收集突发事件的有关信息,整理并组织新闻报稿件;拟定新闻发布方案和发布内容,负责新闻发布工作;接待、组织处理媒体记者采访;负责突发事件处置期间的内外部宣传工作 |
|  |  |  |  |  |  | 5. 技术支撑组,组长:信通公司主要负责人 成员:信通公司、南端信通、智研院数字化所 | 负责总部应急指挥中心信息通信等专业技术支撑;负责应急指挥中心内各项应急指挥系统平台的技术支撑 |
|  |  |  |  |  |  | 6. 后勤保障组,组长:中兴物业负责人 成员:中兴物业 | 负责人员出入、食宿、医疗卫生、会务等后勤保障 |

总部应急指挥部

| 序号 | 事件名称 | 总指挥 | 指挥部成员 | 指挥长 | 副指挥长 | 工作组组成 | 工作组职责 |
|---|---|---|---|---|---|---|---|
| 7 | 跨2个省（区）级行政区以上冰灾、台风，人口较密集地区6.0级以上地震 | 总指挥：分管生产副总经理总经理助理、总工程师、安全总监 | 设备部、办公室、营销、监、数字化、宣传、物资、后勤部、国调中心、信通公司负责人 | 设备部主任 | 设备部副主任 | 1. 抢险处置（综合）组，组长：设备部副主任成员：设备、安监、物资部、国调中心 | 负责现场抢险、抢修工作的组织、协调工作；了解、掌握突发事件的情况和处理的进展，收集统计现场设备损坏、修复信息，及时向指挥部汇报 |
| | | | | | | 2. 电网调控组，组长：国调中心副主任成员：国调中心、设备、数字化部 | 负责电网运行方式的调整，电网应急处置情况及相关调控信息分析 |
| | | | | | | 3. 安全保障组，组长：安监部副主任成员：安监部、办公室、后勤部 | 了解、掌握突发事件的情况和处置进度，统计人员伤亡和经济损失信息，及时向指挥部汇报；监督突发事件应急处置、应急抢险、生产恢复工作中安全技术措施和组织措施的落实 |
| | | | | | | 4. 供电服务组，组长：营销部副主任成员：营销、设备部、国调中心 | 负责向用户通报突发事件发生情况，及时了解突发事件对重要用户造成的损失及影响；督促重要用户实施突发重要用户的防范措施，确定在突发事件恢复阶段突发重要用户的优先及恢复顺序方案，收集统计用电负荷和电量的损失情况、恢复信息，及时向指挥部汇报用户恢复供电情况，对重要用户恢复供电情况 |

总部应急指挥部

| 序号 | 事件名称 | 总指挥 | 指挥部成员 | 指挥长 | 副指挥长 | 工作组组成 | 工作组职责 |
|---|---|---|---|---|---|---|---|
| 7 | 跨2个省级行政区以上冰灾、台风，人口较密集地区6.0级以上地震 | 总指挥：分管生产的副总经理 副总指挥：总经理助理、总工程师、安全总监 | 设备部、办公室、安监、营销、宣传、数字化、物资、后勤部、国调中心、信通公司负责人 | 设备部主任 | 设备部副主任 | 5. 舆情处置组，组长：宣传部副主任；成员：宣传、设备部<br>6. 技术支撑组，组长：信通公司主要负责人；成员：信通公司、南瑞信通、智研院数字化所<br>7. 后勤保障组，组长：中兴物业负责人；成员：中兴物业 | 及时收集突发事件的有关信息，整理并组织新闻报道稿件；拟定新闻发布方案和发布内容，负责新闻发布工作；接待、组织和管理媒体记者做好突发事件处置期间的内外部宣传工作<br>负责总部应急指挥中心各项应急指挥系统平台的技术支撑；负责应急指挥中心内各专业技术信息通信等专业技术支撑<br>负责人员出入、食宿、医疗卫生、会务等后勤保障 |
| 8 | 发电厂重大火灾 | 总指挥：分管发电的公司领导 副总指挥：协管发电的总师、安全总监 | 水新、产业部、办公室、安监、设备、宣传、国调中心、信通公司负责人 | 水新部主任 | 水新部副主任 | 1. 抢险处置（综合）组，组长：水新部主任；成员：水新、产业、安监、设备部、国调中心<br>2. 安全保障组，组长：安监部副主任；成员：安监部、办公室、后勤部 | 负责现场抢险、抢修工作的组织、协调工作，掌握突发事件的情况和处理进展、现场设备损坏、修复信息，及时向指挥部汇报<br>了解、掌握突发事件的情况和处置，统计人员伤亡和经济损失信息，及时向指挥部汇报，应急处置，监督和组织措施的落实，生产恢复工作中安全技术措施的落实 |

28

| 序号 | 事件名称 | 总指挥 | 指挥部成员 | 指挥长 | 副指挥长 | 工作组组成 | 工作组职责 |
|---|---|---|---|---|---|---|---|
| | | | | | | **总部应急指挥部** | |
| 8 | 发电厂重大火灾 | 总指挥：分管发电的公司领导 副指挥：协管发电的总师、安全总监 | 水新、产业部、办公室、安监、设备、宣传、后勤部、国调中心、信通公司负责人 | 水新部主任 | 水新部副主任 | 3. 舆情处置组，组长：宣传部副主任 成员：宣传、产业部 | 及时收集突发事件的有关信息，整理并组织新闻报道稿件；拟定新闻发布方案和发布内容，负责新闻发布工作；接待、组织和管理媒体记者做好采访；负责突发事件处置期间的内外部宣传工作 |
| | | | | | | 4. 技术支撑组，组长：信通公司主要负责人 成员：信通公司、南瑞信通、智研院数字化所 | 负责总部应急指挥中心信息通信等应急指挥系统平台的技术支撑 |
| | | | | | | 5. 后勤保障组，组长：中兴物业负责人 成员：中兴物业 | 负责人员出入、食宿、医疗卫生、会务等后勤保障 |
| 9 | 基建现场重大火灾 | 总指挥：分管基建副总经理 副指挥：协管基建的总师、安全总监 | 基建部、办公室、安监、设备、宣传、物资、后勤部、信通公司负责人 | 基建部主任 | 基建部副主任 | 1. 抢险处置（综合）组，组长：基建部副主任 成员：基建、安监、设备、物资部 | 负责现场抢险、抢修工作的组织，协调工作；了解、掌握突发事件的情况和处理进展，修复设备损坏，及时向指挥部汇报 |
| | | | | | | 2. 安全保障组，组长：安监部副主任 成员：安监、办公室、后勤部 | 了解、掌握突发事件的情况和经济损失情况，及时向指挥部汇报，人员伤亡和经济损失情况统计，监督突发事件应急处置、应急抢险、生产恢复工作安全技术措施和组织措施的落实 |

| 序号 | 事件名称 | 总指挥 | 指挥部成员 | 指挥长 | 副指挥长 | 工作组组成 | 工作组职责 |
|------|----------|--------|------------|--------|----------|------------|------------|
| | | | | | | **总部应急总指挥部** | |
| 9 | 基建现场重大火灾 | 总指挥：分管基建副总经理；副总指挥：协管基建的副总师、安全总监 | 基建部、办公室、设备、监、数字化、宣传、物资、后勤部、信通公司负责人 | 基建部主任 | 基建部副主任 | 3. 舆情处置组，组长：宣传部副主任；成员：宣传、基建部 | 及时收集突发事件的有关信息，整理并组织新闻报道稿件；拟定新闻发布方案和发布内容，负责新闻发布工作；接待、组织和管理媒体记者做好采访；负责突发事件处置期间的内外部宣传工作 |
| | | | | | | 4. 技术支撑组，组长：信通公司主要负责人；成员：信通公司、南端信通、智研院数字化所 | 负责总部应急指挥中心信息通等专业技术支持；负责应急指挥中心内各项应急指挥系统平台的技术支撑 |
| | | | | | | 5. 后勤保障组，组长：中兴物业负责人；成员：中兴物业 | 负责人员出入、食宿、医疗卫生、会务等后勤保障 |
| 10 | 城市中心区停电，重要用户停电、营业场所重大火灾 | 总指挥：分管营销副总经理；副总指挥：协管营销的副总师、安全总监 | 营销部、办公室、安监、设备、数字化、宣传、物资、后勤部、国调中心、信通公司负责人 | 营销部主任 | 营销部副主任 | 1. 抢险处置（综合）组，组长：营销部副主任；成员：营销、安监、设备、后勤部、国调中心 | 及时了解突发事件对重要用户造成的损失及影响，督促重要用户实施突发事件防范措施和对其应急供保电。收集统计用电负荷和电量的损失信息，恢复对重要用户恢复供电情况，及时向指挥部汇报 |
| | | | | | | 2. 设备抢修组，组长：设备部副主任；成员：设备、安监、物资部 | 负责现场抢险、抢修工作的组织、协调工作；了解、掌握突发事件设备损坏、修复进展，收集现场设备损坏、物资计划现场情况和处理和处理进度，及时向指挥部汇报 |

| 序号 | 事件名称 | 总部应急指挥部 | | | | | |
|---|---|---|---|---|---|---|---|
| | | 总指挥 | 指挥部成员 | 指挥长 | 副指挥长 | 工作组组成 | 工作组职责 |
| 10 | 城市中心区停电、重要用户停电、营业场所重大火灾 | 总指挥：分管营销的副总经理 副总指挥：协管营销的总安全总监 | 营销部、办公室、安监、设备、数字化、宣传、物资、后勤部、国调总中心、信通公司负责人 | 营销部主任 | 营销部副主任 | 3. 安全保障组，组长：安监部副主任 成员：安监部、办公室、后勤部 | 了解、掌握突发事件的情况和处置进展，统计人员伤亡和经济损失信息，及时向指挥部汇报，监督突发事件应急处置、应急抢险、生产恢复工作中安全技术措施和组织措施的落实 |
| | | | | | | 4. 舆情处置组，组长：宣传部副主任 成员：宣传、营销部 | 及时收集突发事件的有关信息，整理并组织新闻稿件；拟定新闻发布方案和发布内容，组织和管理媒体记者做好采访；负责突发事件处置期间的内外部宣传工作 |
| | | | | | | 5. 技术支撑组，组长：信通公司主要负责人 成员：信通公司、南瑞信通、智研院数字化所 | 负责总部应急指挥中心信息通信专业技术支持；负责应急指挥中心内各项应急指挥系统统一台的技术支撑 |
| | | | | | | 6. 后勤物业保障组，组长：中兴物业负责人 成员：中兴物业 | 负责人员出入、食宿、医疗卫生、会务等后勤保障 |

| 序号 | 事件名称 | 总部应急指挥部 | | | | | |
|------|----------|------|------|------|------|------|------|
| | | 总指挥 | 指挥部成员 | 指挥长 | 副指挥长 | 工作组组成 | 工作组职责 |
| 11 | 物资仓库重大火灾 | 总指挥：分管物资副总经理 副总指挥：安全总监 | 物资部、办公室、安监、设备、数字化、宣传、后勤部、信通公司负责人 | 物资部主任 | 物资部副主任 | 1. 抢险处置（综合）组，组长：物资部副主任，成员：物资、安监、设备部 | 负责现场抢险、抢修工作的组织、协调工作；了解、掌握突发事件的情况和处理进展，收集统计现场设备损坏、修复信息，及时向指挥部汇报 |
| | | | | | | 2. 安全保障组，组长：安监部副主任，成员：办公室、后勤部 | 了解、掌握突发事件的情况和处置进度，统计人员伤亡和经济损失信息，及时向指挥部汇报，监督突发事件应急处置、应急抢险、生产恢复工作中安全技术和措施纪律措施的落实 |
| | | | | | | 3. 舆情处置组，组长：宣传部副主任，成员：宣传、物资部 | 及时收集突发事件的有关信息，整理并组织新闻稿件；拟定新闻发布方案和发布内容，负责新闻发布工作；接待、组织和管理媒体记者做好采访；负责突发事件处置期间的内外部宣传工作 |
| | | | | | | 4. 技术支撑组，组长：信通公司主要负责人，成员：信通公司、南瑞信通、智研院数字化所 | 负责总部应急指挥中心等专业技术支持，负责应急指挥中心内各项通信系统设备、信息通信等专业技术台的技术支撑 |
| | | | | | | 5. 后勤保障组，组长：中兴物业负责人，成员：中兴物业 | 负责人员出入、食宿、医疗卫生、会务等后勤保障 |

总部应急总指挥部

| 序号 | 事件名称 | 总指挥 | 指挥部成员 | 指挥长 | 副指挥长 | 工作组组成 | 工作组职责 |
|---|---|---|---|---|---|---|---|
| 12 | 调度大楼、办公大楼重大火灾 | 总指挥：分管后勤的公司领导 副总指挥：安全总监 | 后勤部、办公室、数字化、宣传部、国调中心、国信通公司负责人 | 后勤部主任 | 后勤部副主任 | 1. 抢险处置（综合）组，组长：后勤部副主任 成员：后勤部、办公室、安监部 | 负责现场抢险、抢修工作的组织、协调工作；了解、掌握突发事件的情况和处理进展、收集修复场所设备资源、及时向指挥部汇报计划现场修复信息 |
| | | | | | | 2. 电网调整组，组长：国调中心副主任 成员：国调中心、数字化部 | 负责电网运行方式的调整；负责向指挥部汇报电网应急处置的情况及相关调控信息的统计分析 |
| | | | | | | 3. 安全保障组，组长：安监部副主任 成员：安监部、后勤部 | 了解、掌握突发事件的情况和处理；人员伤亡和经济损失处置、及时向指挥部汇报；监督突发事件应急处置、应急抢险、生产恢复工作中安全技术措施和组织措施的落实 |
| | | | | | | 4. 舆情处置组，组长：宣传部副主任 成员：宣传、办公室、后勤部 | 及时收集突发事件的有关信息，整理并组织新闻报道稿件；拟定新闻发布方案和发布内容，负责新闻发布工作；接待、组织和管理媒体记者做好采访；负责突发事件处置期间的内外部宣传工作 |

总部应急指挥部

| 序号 | 事件名称 | 总指挥 | 指挥部成员 | 指挥长 | 副指挥长 | 工作组组成 | 工作组职责 |
|---|---|---|---|---|---|---|---|
| 12 | 调度大楼办公大楼重大火灾 | 总指挥:分管后勤的公司领导 副总指挥:安全总监 | 后勤部、办公室、安全、数字化、宣传部、国调中心、信通公司负责人 | 后勤部主任 | 后勤部副主任 | 5.技术支撑组,组长:信通公司主要负责人 成员:信通公司、南瑞信通、智研院数字化研所 | 负责总部应指挥中心信息通等专业技术支持;负责应急指挥部内各项应急指挥系统平台的技术支撑 |
| | | | | | | 6.后勤保障组,组长:中兴物业负责人 成员:中兴物业 | 负责人员出入、食宿、医疗卫生、会务等后勤保障 |
| 13 | 网络安全控制大区攻击 | 总指挥:分管生产副总经理 副指挥:信息、安全总监,首席师、安全总监 | 国调中心、设备、安监、宣传、后勤、物资、数字化部、信通公司负责人 | 国调中心主任、数字化部副主任 | 国调中心副主任、数字化部副主任 | 1.应急处置(综合)组,组长:国调中心副主任 成员:国调公司、国调中心、安监、设备、数字化部 | 负责生产控制大区网络安全突发事件应急处置工作的组织、协调;了解、掌握突发事件的情况和处理进度,收集统计设备损坏、修复等信息,及时向指挥部汇报 |
| | | | | | | 2.舆情处置组,组长:宣传部副主任 成员:宣传、物资部 | 及时收集突发事件的有关信息,整理并组织新闻稿道内容,拟定新闻发布方案和发布内容,接待、组织和管理媒体记者做好采访;负责突发事件处置期间的内外部宣传工作 |
| | | | | | | 3.技术支撑组,组长:信通公司主要负责人 成员:信通公司、南瑞信通、智研院数字化研所 | 负责总部应指挥中心信息通等专业技术支持;负责应急指挥部内各项应急指挥系统平台的技术支撑 |

**总部应急指挥部**

| 序号 | 事件名称 | 总指挥 | 指挥部成员 | 指挥长 | 副指挥长 | 工作组组成 | 工作组职责 |
|---|---|---|---|---|---|---|---|
| 13 | 网络安全控制大区攻击 | 总指挥:生产分管副总经理 副总指挥:总信息、安全总监 | 国调中心、设备、安监、宣传、后勤、物资、数字化部、国调信通公司负责人 | 国调中心主任 | 国调中心副主任、数字化部副主任 | 4. 后勤保障组，组长:中兴物业负责人 成员:中兴物业 | 负责人员出入、食宿、医疗卫生、会务等后勤保障 |
| 14 | 管理信息大区或互联网大区攻击 | 总指挥:数字化分管副总经理 副总指挥:总信息、安全总监 | 数字化部、安监、设备、宣传、后勤、物资、国调中心、信通公司负责人 | 数字化部主任 | 数字化部副主任 | 1. 应急处置(综合)组，组长:数字化部副主任 成员:数字化、安监、设备、国调中心 2. 舆情处置组，组长:数字化部副主任 宣传部副主任 成员:宣传、物资部 | 负责管理信息大区或互联网大区网络安全突发事件应急处置工作的组织、协调；了解、掌握突发事件应急处置的情况和处理进展，收集统计设备损坏、修复信息，及时向指挥部汇报；及时收集突发事件的有关信息，整理并组织新闻报道稿件；拟定新闻发布方案和发布内容，接待、组织和管理媒体记者做好采访；负责突发事件处置期间的内外宣传工作 |

| 序号 | 事件名称 | 总部应急指挥部 | | | | |
|------|---------|------|------|------|------|------|
| | | 总指挥 | 指挥部成员 | 指挥长 | 副指挥长 | 工作组组成 | 工作组职责 |
| 14 | 管理信息大区或互联网大区 | 总指挥：分管数字化副总经理<br>副指挥：总信息安全总监 | 数字化部、设备、安监、宣传、后勤物资部、国调中心、信通公司负责人 | 数字化部主任 | 数字化部副主任 | 3.技术支撑组，组长：信通公司主要负责人<br>成员：信通公司、南瑞信通、智研院数字化所 | 负责总部应急指挥中心信息通信等专业技术支持；负责总指挥中心内各项应急指挥系统平台的技术支撑 |
| | | | | | | 4.后勤物业保障组，组长：中兴物业负责人<br>成员：中兴物业 | 负责人员出入、食宿、医疗卫生、会务等后勤保障 |

附件 3

# 事发单位突发事件情况报告模板

## 国网×××公司×××突发事件情况汇报

×月××日××时××分,×××单位发生……………（事发单位时间、地点、性质、涉及单位、基本经过、影响范围,电网设施设备受损、人员伤亡、次生衍生灾害、对电网和用户的影响、社会舆情等）。

事件发生后,×××单位…………（应对情况、响应级别、已采取的应急响应措施及效果,抢险救援、抢修恢复、投入的力量等情况、事件发展趋势预测、是否需要支援、下一步安排等）。后续进展情况将及时汇报。

联系人：×××　　联系方式：×××××××××

2020 年×月××日××:××

附件 4

# 公司总部应急响应通知模板

| 类别 | 应急响应通知内容 |
|------|------------------|
| 启动响应 | ×年×月×日×时×分，××单位发生×××事件，根据《××预案》，公司决定启动×××事件×级应急响应，由××部门牵头，××、××、××、××等部门参加，请上述部门主要负责人及相关人员迅速赶往公司，于×点×分前到应急指挥中心集中，开展应急处置工作。（公司安全应急办） |
| 级别调整 | 根据×××事件最新进展情况，公司决定将应急响应级别由×级调整为×级，请相关部门及涉及单位相关人员立即按照×级应急响应要求开展应急响应工作。（公司××事件专项应急办） |
| 结束响应 | ×××事件已得到有效控制，公司决定结束×××事件×级应急响应，各部门及涉及单位恢复日常工作模式。（公司安全应急办） |

附件 5

# 应急值班信息报送模板

## 附件 5.1  事件报告

填报时间：　　年　月　日　时　分
□第一次报告□后续报告（第一次报告时间　　年　月　日　时　分）
报告方式：□电话/□电传/□电子邮件/□其他

| 事件发生单位 | | 上级主管单位 | |
|---|---|---|---|
| 事件简述 | | | |
| 事件起止时间 | 年　月　日　时　分～　　年　月　日　时　分 | | |
| 基本经过（事件发生、扩大和采取措施、初步原因判断）： | | | |
| 事件后果（伤亡情况、停电影响、设备损坏或可能造成不良社会影响等）的初步估计： | | | |
| 填报人姓名 | | 单位 | |
| 联系方式 | | 信息来源 | |

## 附件 5.2 日报模板

**国家电网有限公司**
**××事件应急处置日报**

（第××期）

××事件处置领导小组办公室（国网××部）　20××年×月×日

**一、事件概况**

包括事件概况、影响、发展趋势、恢复情况等，以及有关领导指示批示、工作要求、处置工作情况（牵头部门负责）

**二、应急处置工作开展情况**

1. 电网调度处置（国调中心负责）

2. 设备抢修恢复（国网设备部负责）

3. 客户应急服务（国网营销部负责）

4. 新闻舆论应对（国网宣传部负责）

5. 应急协调联动（国网安监部负责）

6. 网络安全保障（国网数字化部负责）

7. 应急物资供应（国网物资部负责）

8. 其他专业

**三、事发属地单位应急工作开展情况**

（牵头部门负责）

**四、下一步工作**

（牵头部门负责）

附件 6

# 公司总部应急指挥中心内专用席位分配图

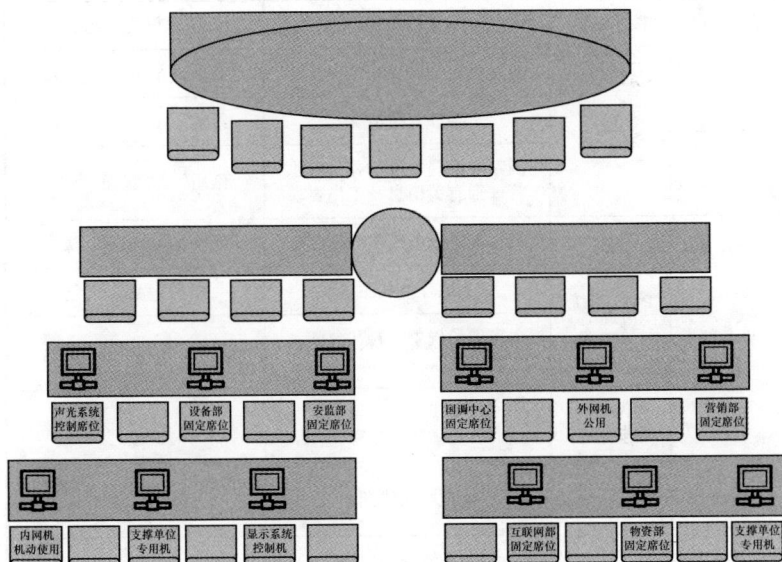

声光系统
控制席位

设备部
固定席位

安监部
固定席位

国调中心
固定席位

外网机
公用

营销部
固定席位

内网机
机动使用

支撑单位
专用机

显示系统
控制机

互联网部
固定席位

物资部
固定席位

支撑单位
专用机

附件 7

# 各部门提供资料清单

| 部门名称 | 接入系统 | 资料内容 | 资料形式及要求 |
|---|---|---|---|
| 安监部 | — | 应急基干分队及其装备资料 | 纸质、A4 幅面、黑白 |
| | | 事件安全情况 | 纸质、A4 幅面、黑白 |
| | | 国家能源局、国资委、应急管理部有关信息及工作要求 | 纸质、A4 幅面、黑白 |
| 设备部 | PMS 系统 | 设备、输配电线路基础台账 | 纸质、A4 幅面、黑白 |
| | | 地理接线图 | 纸质、A3、彩色 |
| | | 灾害现场气象资料（台风、覆冰、山火等） | 纸质、A4 幅面、彩色 |
| | 电网统一视频监控 | 事发现场设备设施具体资料信息 | 系统界面 |
| 国调中心 | DTS 系统 | 电网接线图 | 系统界面、纸质、A3 幅面、彩色 |
| | | 变电站一次系统图 | 系统界面 |
| | | SCADA 系统潮流图 | 系统界面 |
| | | 负荷曲线图 | 系统界面 |
| | | 变电设备、输配电线路等电网和设备停运、恢复信息 | 纸质、A4 幅面、黑白 |
| 营销部 | 营销系统（用电信息采集系统） | 重要及高危用户停电情况 | 纸质、A4 幅面、黑白 |
| | | 有序用电情况 | 纸质、A4 幅面、黑白 |
| | | 停电台区及用户数 | 纸质、A4 幅面、黑白 |
| | | 用户恢复情况 | 纸质、A4 幅面、黑白 |

| 部门名称 | 接入系统 | 资料内容 | 资料形式及要求 |
|---|---|---|---|
| 宣传部 | 舆情监测系统 | 舆情监测情况 | 纸质、A4 幅面、黑白 |
| | — | 新闻通稿 | 纸质、A4 幅面、黑白 |
| 数字化部 | — | 网络信息系统运行情况 | 纸质、A4 幅面、黑白 |
| | — | 安全防护 | 纸质、A4 幅面、黑白 |
| 基建部 | — | 分别负责提供工程建设相关项目资料、特高压变电站（换流站）设计图纸、主变压器（换流变）结构图等信息及基建抢修队伍信息，水电站大坝基本情况、电站布置图、坝体结构图等信息资料 | 纸质、A3 幅面、彩色 |
| 特高压部 | — | | |
| 水新部 | — | | |
| 物资部 | — | 应急抢修物资信息 | 纸质、A4 幅面、黑白 |
| 其他部门 | — | 本专业处置相关信息 | 纸质、A4 幅面、黑白 |

附件8

# 公司总部应急响应会商汇报内容模板

| 时间 | 单位/部门 | 工作内容 | 情况记录 |
|---|---|---|---|
| :  | □副总指挥（主持） | 副总指挥：现在我们召开×××事件应急会商会。目前，公司已按照预案启动了×××事件×级应急响应，下面请指挥长组织参会各单位/部门等汇报应急工作开展情况 | |
| | □指挥长 | 指挥长：下面请各单位/各部门/工作组汇报×××事件应急处置情况，主要包括：天气情况、电力突发事件情况、客户影响、到岗到位、应急救援、故障抢修、通信保障、沟通联动等 | |
| | □事发现场 | 事发现场汇报：指挥长，这里是××××应急指挥部，已启动突发事件×级应急响应：<br>1）现场天气情况；<br>2）电力突发事件详细情况概况、先期处置情况及影响；<br>3）我公司领导××××，各部门负责人均已到岗到位，共计（   ）人；<br>4）应急救援队伍已集结情况，共计（   ）人，正在事发现场抢险救援/前往事发现场；<br>5）已安排故障抢修队伍（   ）支（   ）人，安排抢修车辆（   ）辆，正在事发现场抢险救援/前往事发现场；<br>6）我公司已安排运行保障人员（   ）人到（   ）座变电站、（   ）个供电所及相关地点值守；<br>7）与上级有关部门、政府有关部门沟通、联系、联动情况；<br>8）需要协调解决的问题及支援需求等；<br>9）其他需要汇报的情况 | |
| | □事发单位 | 事发单位（省公司）汇报：指挥长，这里是××××公司应急指挥部，已启动突发事件×级应急响应：<br>1）电力突发事件概况、先期处置情况及影响；<br>2）我公司领导××××，各部门负责人均已到岗到位，共计（   ）人； | |

| 时间 | 单位/部门 | 工作内容 | 情况记录 |
|---|---|---|---|
| ：| □事发单位 | 3）突发事件应对情况；<br>4）与有关单位、政府有关部门沟通、联系、联动情况；<br>5）需要协调解决的问题及支援需求等；<br>6）其他需要汇报的情况 | |
| | □相关分部 | 相关分部汇报：指挥长，这里是××××分部应急指挥部，已启动突发事件×级应急响应：<br>1）电力突发事件概况、先期处置情况及影响；<br>2）我分部领导××××，各部门负责人均已到岗到位，共计（　　）人；<br>3）电力突发事件应对情况；<br>4）区域电网运行及电力电量平衡等情况；<br>5）与有关单位、政府有关部门沟通、联系、联动情况；<br>6）其他需要汇报的情况 | |
| | □抢险处置组<br>□电网调控组<br>□安全保障组<br>□支撑保障组<br>□舆情处置组<br>□供电服务组<br>…… | 各工作组（副指挥长）汇报：指挥长，×××工作组汇报：<br>1）工作组人员到岗到位情况；<br>2）电力突发事件应对情况，下一步工作措施及安排等；<br>3）与有关单位、政府有关部门沟通、联系、联动情况；<br>4）其他需要汇报的情况 | |
| | 公司安全应急办 | 安全应急办汇报：指挥长，安全应急办汇报，<br>1）事件处置过程安全情况；<br>2）跨省应急支援情况；<br>3）对外信息报送情况；<br>4）下一步工作安排；<br>5）其他需要汇报的情况 | |
| | 副总指挥 | 副总指挥：请各单位做好继续事件应急处置工作，下面请总指挥讲话，并提出工作要求 | |
| | 总指挥 | 总指挥（公司领导）讲话、总结并部署下一步工作，提出相关要求 | |

附件 9

# 重大传染性疾病疫情期间
# 总部防控要求和分工

**一、各级单位场所疫情防控要求**

重大传染性疾病疫情防控期间，应急响应时应当做好相应的防护措施。

（一）公司总部

（1）要尽可能减少人员聚集，启动应急指挥中心时，原则上各部门限 1 名负责同志到总部应急指挥中心参加应急指挥工作。

（2）在应急指挥中心参加视频会商时，应控制参加人数，参与人员按照当地政府防疫指挥部要求，经过隔离、检测等确保健康无感染后，应佩戴口罩，做好自身消毒防疫工作，大于 1 米间距就座。

（3）国网中兴物业公司要做好总部应急指挥中心通风、消毒等防疫工作。

（4）参加突发事件应急值班人员在本部门 24 小时值班。

（二）事发单位、相关分部

（1）视频会商时，参与人员佩戴口罩，做好自身消毒防疫工作，大于 1 米间距就座。事发单位总指挥汇报现场防疫情况。

（2）合理安排应急值班，避免人员聚集。

（3）各单位相关部门要组织做好各自应急指挥中心通风、消毒等防疫工作。

**二、相关单位提供技术支撑要求**

重大传染性疾病疫情防控期间，应急响应要做好以下防疫措施，确保安全。

（1）国网信通公司要在做好防疫工作基础上，尽快启动总部应急指挥中心；智研院、南瑞信通等单位尽可能采取远程方式做好总部应急指挥中心技术保障，无法远程支撑时按照最小方式安排人员赴总部应急指挥中心开展保障。

（2）一般情况下，在确保健康无感染后相关人员（单人）在本部门开展应急处置工作，通过电话或网络视频会议终端沟通、协商相关事项。非必要时，应避免聚集，副指挥长、指挥部主要成员或专业组长、关键岗位人员轮流到应急指挥中心开展处置工作，相关人员应做好佩戴口罩、消毒等个人防疫工作，大于1米间距就座。原则上总部不向疫情地区派出现场工作组，相关部门按照职责分工在本部门开展事件处置工作。

（3）公司后勤部负责提供应急处置相关单位疫情状态、防疫资源投入情况、疫情防控措施等相关信息。

（4）国网中兴物业公司负责做好总部应急指挥中心通风、消毒等防疫工作。

（5）视频会商时，各单位要控制参会人员，减少聚集；相关后勤部门要组织做好通风、消毒等工作，参会人员要根据防疫需要佩戴口罩。